Andreas Hoppe

Netzanbindung der Offshore Windenergie in der Nordsee

GRIN Verlag

Bibliografische Information der Deutschen Nationalbibliothek:

Die Deutsche Bibliothek verzeichnet diese Publikation in der Deutschen National-
bibliografie; detaillierte bibliografische Daten sind im Internet über http://dnb.d-
nb.de/ abrufbar.

Impressum:

Copyright © 2012 GRIN Verlag GmbH
Druck und Bindung: Books on Demand GmbH, Norderstedt Germany
ISBN: 978-3-656-27187-1

Dieses Buch bei GRIN:

http://www.grin.com/de/e-book/200459/netzanbindung-der-offshore-windenergie-
in-der-nordsee

Offshore Windparks in der Nordsee und deren Netzanbindung

Author: Dipl. W-Ing. (BA) Andreas Hoppe

Datum: August 2012

I. Inhaltsverzeichnis

Inhaltsverzeichnis

II.   Abkürzungsverzeichnis

AWZ	Ausschließliche Wirtschaftszone
EEG	Erneuerbare-Energien-Gesetz
EnWG	Energiewirtschaftsgesetz
WEA	Windenergieanlage

III.   Abbildungsverzeichnis

1) Einführung

Die weltweite Energiewende[1], welche nach dem Reaktorunglück in Fukushima[2] (Japan) 2011 deutlich an Fahrt gewonnen hat – besonders in Deutschland[3] fußt in großen Teilen auf der Offshore[4] Windkraft. Vorreiter in dieser wichtigen Technologie ist Europa (hauptsächlich Dänemark, England und Deutschland)[5].

Damit die weltweite Energiewende Realität werden kann, muss sie in Europa funktionieren – wirtschaftlich und technisch. Damit sie in Europa funktioniert, muss sie sich in Deutschland beweisen und damit sie in Deutschland gelingt, muss sie in der Nordsee erfolgreich sein.[6]

Der derzeitige Ausbau weist einige Engpässe auf: Qualifiziertes Personal, Installationsschiffe, Produktionskapazitäten, Stahlpreise, Know-how…. Jedoch der derzeit größte Engpass wird im tatsächlichen Anschluss der Windparks und dem damit verbundenen Ausbau der Übertragungsnetze gesehen.[7]

Dies zu lösen ist eine gemeinschaftliche Aufgabe von Politik, Übertragungsgesellschaft, Investoren, Lieferanten und schlussendlich auch des Strom-Verbrauchers (also uns Allen!).

a. Themenabgrenzung

In folgender Ausarbeitung wird auf die aktuelle Situation und die Herausforderungen der Netzanbindung der Offshore Windenergie / Windparks in der Nordsee eingegangen. Hierbei werden hauptsächlich finanzielle, technische und regulative bzw. gesetzliche Themen beleuchtet. Die Übertragung an Land über Hochspannungsleitungen wird hier nur rudimentär angesprochen.

---

[1] Von endlichen, fossilen Energieträgern wie Kohle, Öl, Erdgas und Kernbrennstoffen hin zu regenerativen Energiequellen wie Solar, Wind, Wasser, Geothermie etc.
[2] Internetquelle: 9
[3] Siehe dazu: Atomausstieg Deutschland 2011
http://www.bundestag.de/bundestag/plenum/abstimmung/20110630_17_6070.pdf
[4] Offshore: „außerhalb der Küstengewässer liegend"
[5] Internetquelle: 16
[6] Vortrag IHK Hamburg 2012
[7] Internetquelle: 10

2) Grundlagen

a. Offshore Windenergie

„Im Energiekonzept der deutschen Bundesregierung ist als Ziel die Errichtung einer Offshore-Windleistung von 10.000 MW bis 2020 festgelegt, bis 2030 sollten bis zu 25.000 MW über Offshore-Windkraft erzeugt werden können"[8]

„Zuständig für Antragsverfahren außerhalb der 12-Meilen-Zone, aber innerhalb der Ausschließlichen Wirtschaftszone (AWZ) ist das Bundesministerium für Verkehr, Bau und Stadtentwicklung, vertreten durch das Bundesamt für Seeschifffahrt und Hydrographie (BSH). Für die Errichtung innerhalb der 12-Meilen-Zone sind die Verwaltungen der jeweiligen Bundesländer zuständig"[9]

b. Offshore Windparks in der Nordsee

Die Anzahl der genehmigten Windparks in der deutschen AWZ beträgt 29 Windparks (und damit über 2.000 Windenergieanlagen(WEA)) In der Nordsee sind es 26 und in der Ostsee 3. Auf die Situation in der Ostsee wird nicht weiter eingegangen.

„Die große Mehrzahl der Projekte befindet sich in der Nordsee, wo im Durchschnitt höhere Windgeschwindigkeiten zu verzeichnen sind als im Ostseeraum. Gleichzeitig erfordern größere Wassertiefe und Distanz zur Küste den Einsatz anspruchsvollerer Technologien. Die durchschnittliche Wassertiefe der deutschen Projekte beträgt 25,5 Meter. Bleiben die einzelnen Nearshore-Testanlagen unberücksichtigt ergibt sich sogar eine mittlere Wassertiefe von 28,2 Meter. Die Projekte in der Nordsee liegen mit 29,4 Meter in etwas tieferem Wasser als die Projekte in der Ostsee mit 25,1 Meter. Die Entfernung von der Küste beträgt im Mittel 41,7 Kilometer, unter erneuter Nichtberücksichtigung der Testanlagen ergibt sich ein Mittel von 48,5 Kilometer. Die Projekte in der Nordsee liegen dabei mit 55,9 Kilometer im Durchschnitt wesentlich weiter von der Küste entfernt als die Projekte in der Ostsee, die im Mittel rund 26 Kilometer Abstand zur Küste haben."[vlg. Ric09][10]

---

[8] Internetquelle: 18
[9] Internetquelle: 19
[10] Internetquelle: 15

Nordsee Überblick

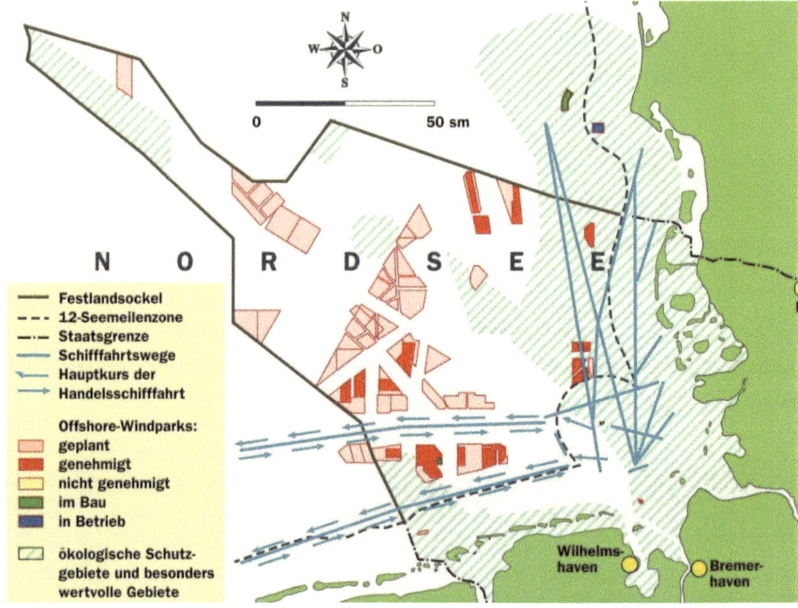

Abbildung 1: Windparks in der Nordsee[11]

Der erste Offshore Windpark in der deutschen AWZ, in der Nordsee, ist "Alpha Ventus" im folgenden Unterkapitel beschrieben.

i.   Alpha Ventus[12]

Alpha Ventus ist der erste Offshore Windpark in Deutschland, gebaut vom 2008 -2010 mit 12 Windenergieanlagen (à 5 MW) und 60 MW Nennleistung. Er liegt 60 km Küstenentfernung in 30 m Wassertiefe. Verwendet wurden 2 Anlagenhersteller (AREVA/Multibrid, REpower) und 2 Fundamentkonzepte (tripods, jackets). Das Betreiberkonsortium DOTI seit 2006 besteht aus EWE, E.on, Vattenfall). Die offizielle Einweihung war am 27.04.2010.[13]

---

[11] Internetquelle: 14
[12] Lateinisch: Alpha: Das Erste, Ventus: Wind. Alpha Ventus: „Der erste Wind"
[13] Internetquelle:11

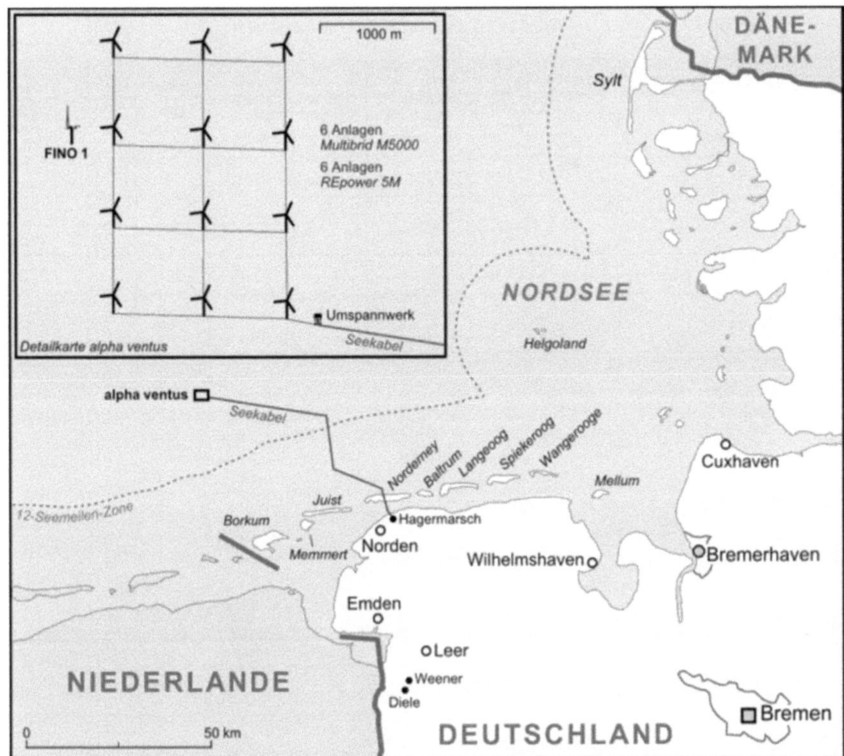

Abbildung 2: Alpha Ventus[14]

Alpha Ventus ist nur der Vorreiter und viele weitere Windparks sind im Bau, in der Genehmigungsphase oder in der Planung. Es ist eindeutig, dass der Erfolg der Offshore Windparks einen wachsenden Wirtschaftsfaktor in Nordeuropa und Norddeutschland ist und bei Abschluss erfolgreicher Projekte auch bleiben wird. Die pure Anzahl an geplanten Projekten würden den Rahmen dieser Betrachtung sprengen, daher im Folgenden nun ein kurze tabellarische Ansicht weiterer Offshore Windpark – Projekte im fortgeschrittenen Stadium.

---

[14] Internetquelle: 12

ii.   Weite Windparks im fortgeschritten Stadium

Nordsee: Windparks in Betrieb								
Projektname	Entwickler	AWZ/ 12sm-Zone	Anlagenzahl: 1.Baustufe/ Endausbau	Turbinen-leistung [MW]	Gesamt-leistung [MW]	Küsten-ent-fernung [km]	Wasser-tiefe [m]	Netz-anschluss, Bundes-land
Alpha Ventus (Offshore-Testfeld "Borkum West")	DOTI GmbH & Co. KG	AWZ	12/208	3,5 - 5	60/1040	45	30	NI (Emden/
BARD Offshore 1	Bard Engineering GmbH	AWZ	80/320	5	400/1600	89	39 - 41	NI
ENOVA Offshore Ems-Emden	Enova GmbH	12 sm-Zone	01. Jan	4,5	4,5	< 10 m	3	NI
Hooksiel	Bard Engineering GmbH	12 sm-Zone	01. Jan	5	5	400 m	5	NI

Abbildung 3: Nordsee Windparks im Betrieb[15]

Projektname	Entwickler	AWZ / 12s m- Zone	Anlagenzahl: 1.Baustufe / Endausbau	Turbinen- leistung [MW]	Gesamt- leistung [MW]	Küstenent- fernung [km]	Wasser- tiefe [m]	Netz- anschluss, Bundesland
Albatros	Northern Energy OWP Albatros GmbH	AWZ	79	05. Jun	395 - 474	105	40	NI (Emden/ Borkum)
Amrumbank West	Amrumbank West GmbH; EON	AWZ	80/80	3,5 - 5	140 - 400	36	20 - 25	SH (Brunsbüttel)
Borkum Riffgrund I	PNE2 Riff I	AWZ	77/180	03. Mai	231 - 1780	34	23 - 29	NI
Borkum Riffgrund West	Energiekontor AG	AWZ	80/458	3,5	280	53	30 - 35	Dörpen West, NI
Borkum West II	PN Offshore Windpark Borkum-West GmbH & Co.	AWZ	80	5	400	52	29 - 33	k.A.
Offshore-Bürger-windpark Butendiek	Offshore-Bürger-Windpark Butendiek Gmbh & Co. KG Husum	AWZ	80/80	3	240	34	16 - 22	SH (Jadelund, Raum Flensburg)
Dan Tysk	Vattenfall Europe Windkraft GmbH	AWZ	80	3,6	288	70	23 - 31	SH (Jadelund)
Delta Nordsee I	Enova Offshore Projektentw. GmbH & Co. KG	AWZ	47/251	5	1255	37	25 - 33	NI (Emden/ Wilhelms-haven)
Delta Nordsee II	Enova Offshore Projektentw. GmbH & Co. KG	AWZ	33	6	198	40	29 - 33	k.A.
Deutsche Bucht	Eolic Power GmbH	AWZ	42	5	250	87	ca. 40	k.A.
EnBW He Dreiht	EnBW Nordsee Offshore GmbH	AWZ	119	4,5	335,5	85	39	k.A.
EnBW Hohe See	EnBW Nordsee Offshore GmbH	AWZ	119/508	4,5	335,5/2286	90	26 - 39	NI

Global Tech I	Wetfeet GmbH	AWZ	80/320	5	400/1600	93	39 - 41	NI (Emden/ Borkum)
Gode Wind	PNE WIND AG	AWZ	77/224	5	385/1120	32	26 - 35	NI
Gode Wind II	PNE WIND AG	AWZ	81	03. Mai	243 - 405	33	26 - 35	k.A.
Innogy Nordsee Ost	RWE Innogy Windpower Hannover GmbH	AWZ	48	6,15	295	30	22	SH (Brunsbüttel)
Meerwind Süd und Meerwind Ost	WindMW GmbH	AWZ	80	3,6 - 5	288 - 400	23	23 - 26	SH (Bruns- büttel)
MEG Offshore I	Nordsee Offshore MEG 1 GmbH	AWZ	80	5	400	45	27 - 33	k.A.
Offshore-Windpark Nordergründe	Energiekontor AG	12 sm-Zone	25/25	5	125	13	Feb 18	NI (Wilhelms - haven)
Nördlicher Grund	NEG Micon Deutschland GmbH	AWZ	87	3	261	84	25	SH (Brunsbüttel)
Sandbank 24	Projekt GmbH/Sandbank 24 GmbH & Co. KG	AWZ	120/980	5	4720	90	30	SH (Bruns- büttel)
RIFFGAT	Enova Energie- anlagen GmbH	12 sm-Zone	30	3,6	108	14,5	18 - 23	NI (Diele)
Veja Mate	BARD Holding GmbH	AWZ	80	5	400	ca. 91	39 - 41	k.A.

Abbildung 4: Nordsee Genehmigte Windparks[16]

---

[16] Internetquelle 5

c. Übertragungsgesellschaften

Das Übertragungsnetz wird in Deutschland von den Gesellschaften TenneT, Elia & 50hertz, RWE und EnBW geführt. Für den Nordseeraum ist die Firma **TenneT Holding B.V.** verantwortlich:

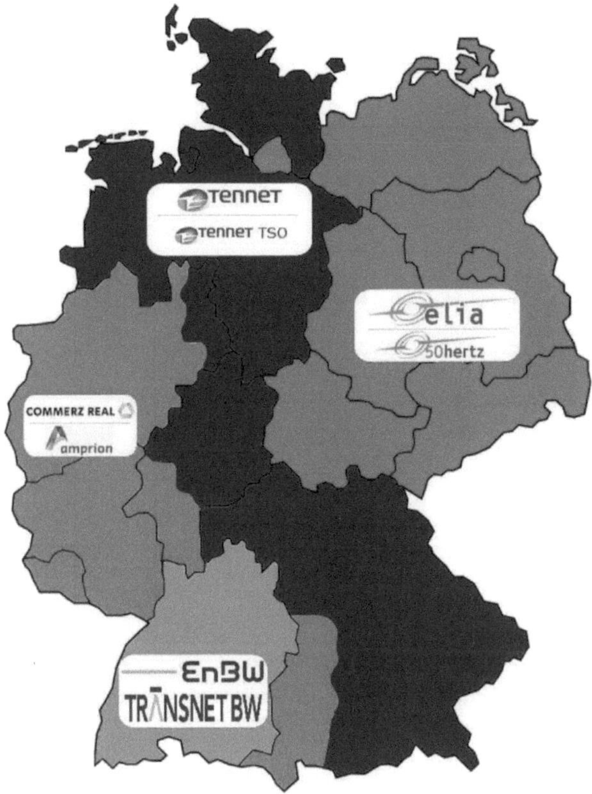

Abbildung 5: Übertragungsgesellschaften Deutschland[17]

Im Weiteren werden die Projekte der TenneT B.V. kurz beschrieben. Die anderen Übertragungsgesellschaften werden hierbei ausgelassen, da sie nicht für den Nordseeraum zuständig sind.

---

[17] Internetquelle: 6

i.   TenneT

Offshore Windprojekte von TenneT zum derzeitigen Stand:

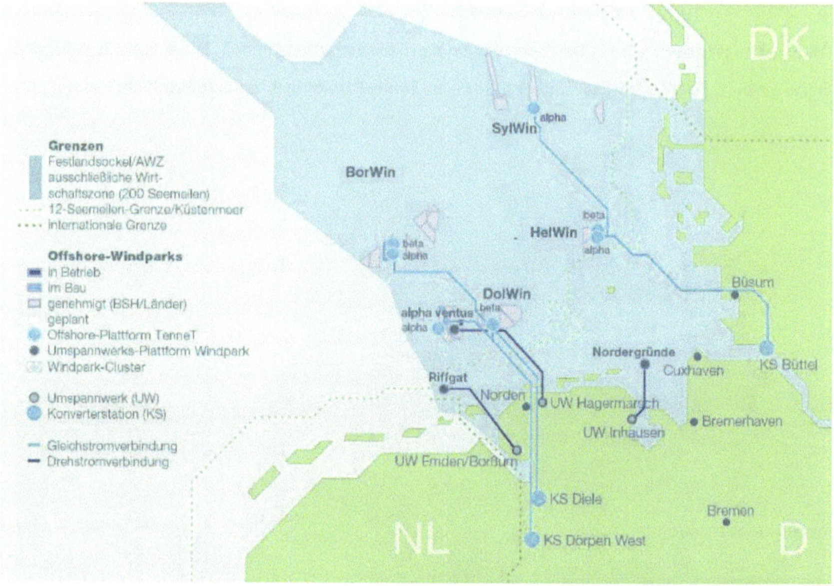

„TenneT wird in den kommenden zehn Jahren ca. sechs Mrd. Euro in Offshore-Projekte investieren. Sie bringen über 5.000 Megawatt saubere Energie an Land, mit der fünf Millionen Haushalte versorgt werden können. Wir wollen dazu beitragen, dass bis 2022 die von der Bundesregierung geplanten Offshore-Windanlagen mit einer Kapazität von insgesamt 13.000 Megawatt entstehen und angeschlossen werden. Einen wesentlichen Teil - 11.000 Megawatt – an Offshore-Windenergie wird in der Nordsee erzeugt werden können. Dies entspricht der Leistung von ungefähr elf großen Kohlekraftwerken. Für rund 5.000 Megawatt, also fast die Hälfte der geplanten Leistung aus der Nordsee, hat TenneT bereits Netzanbindungen in Auftrag gegeben und hierfür Investitionen ausgelöst."[19]

---

[18] Internetquelle: 7
[19] Internetquelle: 8

TenneT Projekte im Detail

Name	Seekabellänge	Netzanschlusspunkt	Status
Alpha Ventus	60 km	Hegermarsch	Seit 2009 im Betrieg
BorWin1	125 km	Diele	Testbetrieb
BorWin2	125 km	Diele	Geplantes Ende Probebetrieb 2013
DolWin1	75 km	Dörpen West	Geplantes Ende Probebetrieb 2013
DolWin2	45 km	Dörpen West	Geplantes Ende Probebetrieb 2015
HelWin1	85 km	Büttel	Geplanter Start Probebetrieb 2013
HelWin2	85 km	Büttel	Geplantes Ende Probebetrieb 2015
Nordergründe	28 km	Inhausen	Geplantes Ende Probebetrieb 2014
Riffgat	50 km	Emden	Geplantes Ende Probebetrieb 2013
Sylwin1	160 km	Büttel	Geplantes Ende Probebetrieb 2014

Abbildung 7: TenneT Projektbeschreibungen[20]

ii.   Unbedingte Netzanbindungszusage

Die Definition der "Unbedingten Netzanbindungszusage" lautet wie folgt: laut § 17 Abs. 2a Satz 1 EnWG verpflichtet den zuständigen Übertragungsnetzbetreiber zur Netzanbindung von Offshore-Anlagen, wobei die Anbindung zum Zeitpunkt der Herstellung der technischen Betriebsbereitschaft der Offshore-Anlagen errichtet sein muss.[21]

iii.   Erneuerbare-Energien-Gesetz (EEG) Grundlagen

Das "Gesetz zur Neuregelung des Rechtsrahmens für die Förderung der Stromerzeugung aus erneuerbaren Energien" wurde am 4. August 2011 im Bundesgesetzblatt Teil I, Nr. 42, Seite 1634, veröffentlicht.[22]

Dieses Gesetz ist derzeit im Wandel und „Der Deutsche Bundestag hat am 30. Juni 2011 die Novelle des Erneuerbare-Energien-Gesetzes beschlossen. Mit der Entscheidung des Bundesrates am 8. Juli 2011 ist das Gesetzgebungsverfahren abgeschlossen worden."[23]

Dies gilt natürlich für diverse Arte der erneuerbaren Energien. Folgende Arten sind benannt:

„Erneuerbare Energien, auch regenerative Energien genannt, sind Energiequellen, die nach menschlichen Maßstäben unerschöpflich sind. Es handelt sich um Energiequellen, die in so großen Mengen vorhanden sind, dass sie praktisch unbegrenzt zur Verfügung stehen werden. Hierzu zählen die **Wasserkraft**, die **Windenergie**, die **solare Strahlungsenergie**, die **Geothermie** und die Energie aus **Biomasse**. Die Sonne wird noch viele Millionen Jahre scheinen, auch ist der Erdkern so heiß, dass er

---

[20] Internetquelle: 7
[21] Internetquelle: 20
[22] Internetquelle: 1
[23] Internetquelle: 1

immer Wärme abgeben wird. Erneuerbar sind aber auch solche Energiequellen, die zwar verbraucht, jedoch reproduziert werden können"[24]

iv.   EEG Einfluss auf Offshore Wind

In der Novelle von 2011 sind folgende Punkte für Offshore Wind vereinbart:

„Integration der **Sprinterprämie** (2 ct/kWh) in die Anfangsvergütung, so dass diese von 13 auf 15 ct/kWh steigt.

Verschiebung des **Degressionsbeginns** von 2015 auf 2018, da der Offshore-Ausbau sich verzögert hat. Im Gegenzug danach Erhöhung der Degression von 5 auf 7 %.

Einführung eines optionalen, kostenneutralen **Stauchungsmodells**: Anfangsvergütung steigt auf 19 ct/kWh, wird aber nur für 8 statt 12 Jahre gewährt. Im Anschluss daran gilt für die von der Wassertiefe und Küstenentfernung abhängige Verlängerungsphase die normale Anfangsvergütung (15 ct/kWh) und anschließend die Grundvergütung (wie bisher) 3,5 ct/kWh. Es ist davon auszugehen, dass die Grundvergütung nicht in Anspruch genommen und der Strom stattdessen direkt vermarktet wird.

5 Mrd.-Programm der KfW, um für rund 10 Windparks die Finanzierung zu sichern, , wodurch insbesondere Banken Erfahrungen sammeln sollen, damit spätere Offshore-Projekte schneller und einfacher zu finanzieren sind.

Streichung der Befristung der **Netzanbindungspflicht** der Übertragungsnetzbetreiber im EnWG bzw. NABEG.

Erarbeitung eines Masterplans Offshore-Netzanbindung, vorzugsweise durch das Bundesamt für Seeschifffahrt und Hydrographie. „[25]

---

[24] Internetquelle: 3
[25] Internetquelle 4

3) Derzeitiger Stand /Situation

Die Bundesregierung hat am 29.8.2012 einem gewichtigen Teil der Problematik rund um den

Netzanschluss und –ausbau entgegengewirkt und beschlossen:

„Die Bundesregierung hat auf ihrer heutigen Kabinettssitzung den Entwurf eines Dritten Gesetzes zur

Neuregelung energiewirtschaftlicher Vorschriften beschlossen. Ziel der Regelungen ist es, den

Ausbau der Offshore-Windenergie zu beschleunigen. Im Zentrum steht der Systemwechsel hin zu

einer kohärenten und effizienten Netzausbauplanung durch die Einführung eines verbindlichen

Offshore-Netzentwicklungsplans. Dieser wird Netzanbindungen und Offshore-Windparks zukünftig

besser koordinieren. Darüber hinaus wird eine Entschädigungsregelung für die Errichtung und den

Betrieb von Anbindungsleitungen von Offshore-Windparks eingeführt." [Laut Bundesministerium für

Wirtschaft][26]

Dazu auch das Internationale Wirtschaftsforum Regenerative Energien:

„Anbindungsprobleme bei aktuellen Projekten verursachen Milliarden-Schäden

In dem Gesetzentwurf ist neben den generellen Haftungsregelungen bei einer verzögerten

Anbindung von Offshore-Windparks auch die Rede davon, dass bei den zum Zeitpunkt des

Gesetzgebungsverfahrens laufenden Projekte bereits Verzögerungen und dadurch Schäden von etwa

einer Milliarde Euro zu erwarten sind. Um die Realisierung dieser Projekte nicht zu gefährden,

werden auch diese Kosten im Rahmen einer Übergangsregelung umgelegt. Um die Verbraucher vor

übermäßigen Belastungen aus der Entschädigungsumlage zu schützen, wird diese auf eine

Höchstgrenze von maximal 0,25 Cent pro Kilowattstunde gedeckelt, heißt es im Gesetzentwurf. Mit

dem Vorwurf konfrontiert, dass die Kosten für eine fehlende Netzanbindung über die Stromrechnung

auf die Bürger abgewälzt werden, erklärte Bundesumweltminister Peter Altmaier gegenüber Medien,

dass die Überbrückungsregelung für die ersten Monate gelten solle, wenn es Probleme gebe, die

nicht der Netzbetreiber zu verantworten habe. Was dann gezahlt werde, würde anschließend von

der Höchstförderungsdauer wieder abgezogen, so der Minister.

Eigenanteil der Übertragungsnetzbetreiber wird erhöht

Bundeswirtschaftsminister Philipp Rösler: "Die heutige Entscheidung der Bundesregierung über den

Gesetzesentwurf ist ein großer Erfolg für die Energiewende in Deutschland. Denn damit haben wir

eine wichtige Hürde hin zu einem schnelleren Ausbau und Anschluss von Offshore-Windkraft

übersprungen. Davon profitieren nicht nur die Unternehmen, die in die Zukunftsbranche Offshore-

Windenergie investieren wollen. Auch die Verbraucherinnen und Verbraucher können nun damit

rechnen, dass der "saubere" Strom der Offshore-Windparks nun endlich bei ihnen ankommen kann."

---

[26] Internetquelle: 13

Die Energiewende sei ein Jahrhundertprojekt, das die Anstrengung aller erfordere und nicht zum Nulltarif zu haben sei. Die Neuregelung sorge für eine faire Lastenverteilung, so Rösler. Die Kosten für den Verbraucher und die Verbraucherin würden der Höhe nach begrenzt und der Eigenanteil der Übertragungsnetzbetreiber werde erhöht."

Rösler und Altmaier uneinig über Tempo bei EEG-Reform

Zudem betonte Rösler seine Ambitionen, das Erneuerbaren-Energien-Gesetz (EEG) grundlegend zu reformieren. Sein Ziel sei es, dafür zu sorgen, dass der Strom in Deutschland für alle bezahlbar bleibe, für Verbraucherinnen und Verbraucher und für Unternehmen. Die Förderung der Erneuerbaren müsse dringend effizienter und marktwirtschaftlicher ausgestaltet werden. Umweltminister Altmaier und Wirtschaftsminister Rösler hatten bezüglich des Zeitplans für eine Reformierung des EEG unterschiedliche Vorstellungen geäußert. Während Altmaier sich gegen eine "vorschnelle" EEG-Reform aussprach, will Rösler das Thema noch vor Bundestagswahl 2013 abhaken.

Altmaier zum Thema EEG: Nichts übers Knie brechen

Bundesumweltminister Peter Altmaier: "Mit der heute vom Bundeskabinett verabschiedeten Haftungsregelung wird ein großes Hemmnis für den Ausbau der Offshore-Windenergie aus dem Weg geräumt. Der nächste Schritt muss sein, dafür zu sorgen, dass der Strom vom Meer auch seinen Weg in die Verbrauchszentren findet. Dafür brauchen wir zügig Klarheit beim weiteren Ausbau der Netze. Der Ökostrom hat mittlerweile eine Bedeutung gewonnen, bei der wir Netzausbau und den weiteren Ausbau der erneuerbaren Energien insgesamt besser aufeinander abstimmen müssen. Darüber muss grundsätzlich überlegt werden, wie die Förderung der erneuerbaren Energien besser organisiert werden kann, ohne bewährte Elemente wie etwa den Einspeisevorrang voreilig über Bord zu werfen. Das müssen wir sehr gründlich angehen, denn wir brauchen eine Lösung, die mehrere Jahre trägt, das weitere Wachstum der Ökostromerzeugung nicht abwürgt, sondern in vernünftige Bahnen lenkt und die von einem breiten Konsens in unserer Gesellschaft getragen wird. Das lässt sich nicht übers Knie brechen, das braucht Zeit. Aber ich werde das anpacken."

Kosten und Umlage werden öffentlich dokumentiert

Die Neuregelung stellt Kostenkontrolle und Transparenz beim Ausbau der Offshore-Windenergie sicher, da Schadensfälle und Maßnahmen zur Schadensminderung dokumentiert und im Internet veröffentlicht werden. Auch die Kosten und die daraus resultierende Umlage werden transparent gemacht. Zudem ist vorgesehen, dass die Regelungen nach drei Jahren evaluiert und wenn notwendig angepasst werden. Der Gesetzesentwurf soll noch in diesem Jahr in Kraft treten."[27]

---

[27] Internetquelle: 17

a. EEG Umlage

Jahr	EEG-Umlage [ct/kWh]
2003	0,41
2004	0,58
2005	0,68
2006	0,88
2007	1,02
2008	1,12
2009	1,13
2010	2,047
2011	3,530
2012	3,592

Abbildung 8: Entwicklung der EEG Umlage[28]

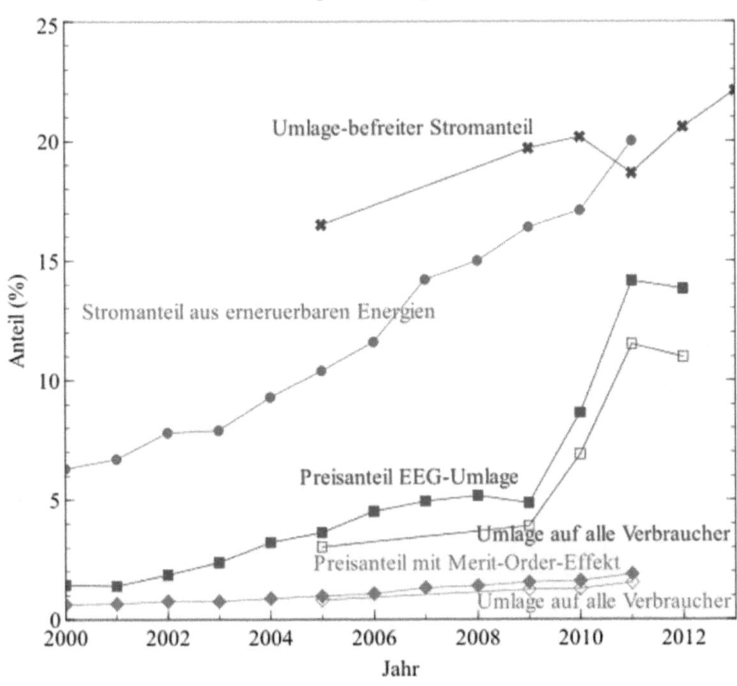

Abbildung 9: EEG Umlage[29]

[28] Internetquelle: 22
[29] Internetquelle: 22

4) Analyse & Kommentar

Die mit dem Ausbau der Offshore Windenergie und der entsprechenden Übertragungsnetzen verbundenen finanziellen Risiken (lediglich ein Teil des Unternehmerrisikos) werden über die EEG Umlage auf die Stromkunden abgewälzt. Dies klingt im ersten Ansatz nach einer ungerechtfertigten Belastung des „kleinen Mannes", jedoch, wie eingangs erwähnt, ist der Ausbau der Offshore Windenergie ein wichtiger Bestandteil (wenn nicht sogar der Wichtigste) der Energiewende und somit eine gesamtgesellschaftliche Angelegenheit. In diesem Sinne ist es subjektiv, in Ordnung, dass die Stromkunden hierfür zur Kasse gebeten werden.

Zu klären ist weiterhin die Roller der energieintensiven Industrie, welche von der Umlage befreit oder nicht sehr stark betroffen sind. Sollten hier nicht auch die gleichen Regeln gelten, wie für die Privatverbraucher? Laut Spiegel Online sieht die Situation wie folgt aus: „Einige hundert Firmen verbrauchen rund 18 Prozent des deutschen Stroms, zahlen aber nur 0,3 Prozent der Umlage für erneuerbare Energien."[30]

Durch die Übernahme des Risikos (bzw. Entschädigungszahlungen) bei nicht rechtzeitiger Netzanbindung wird das ursprüngliche Unternehmerrisiko gemindert bzw. vom Unternehmer/Investor auf die Gemeinschaft umgelegt. Investieren ohne Risiko, sprich mit garantiertem Gewinn? (Zumindest aus Netzanbindungs-Sicht – Das technische Risiko verbleibt beim Unternehmer/Investor)

Dies erscheint vor der andauernden Patt-Situation; keine Partei (Netzbetreiber, Investor) wollte oder konnte das Risiko übernehmen, die richtige Entscheidung! Somit ist das „Risiko" Offshore Windenergie ein Stück gemindert und Investoren haben erneut Anreize in dieses Geschäft einzusteigen. Nur so werden sich die ehrgeizigen Ziele der Bundesregierung verwirklichen lassen: „… der zügige Einstieg ins Zeitalter der erneuerbaren Energien und der Ausstieg aus der Kernenergie bis Ende 2022. Der Anteil erneuerbarer Energien an der Stromerzeugung soll von heute 20 Prozent des Stromverbrauchs auf mindestens 35 Prozent im Jahr 2020 steigen. Bis 2030 strebt die Bundesregierung einen Anteil von 50 Prozent an, 2040 sollen es 60 Prozent und 2050 dann 80 Prozent sein."[31]

---

[30] Internetquelle: 23
[31] Internetquelle 24

5) Ausblick

Man darf gespannt sein auf die Entwicklung in weiteren europäischen Ländern. Besonderes Augenmerk sollte dabei auf Großbritannien gelegt werden. In der 3. Freigaberunde für ausgewiesene Offshore Windpark Zonen wurden 5,500 MW in der Nordsee und weiteren Gewässern freigegeben.

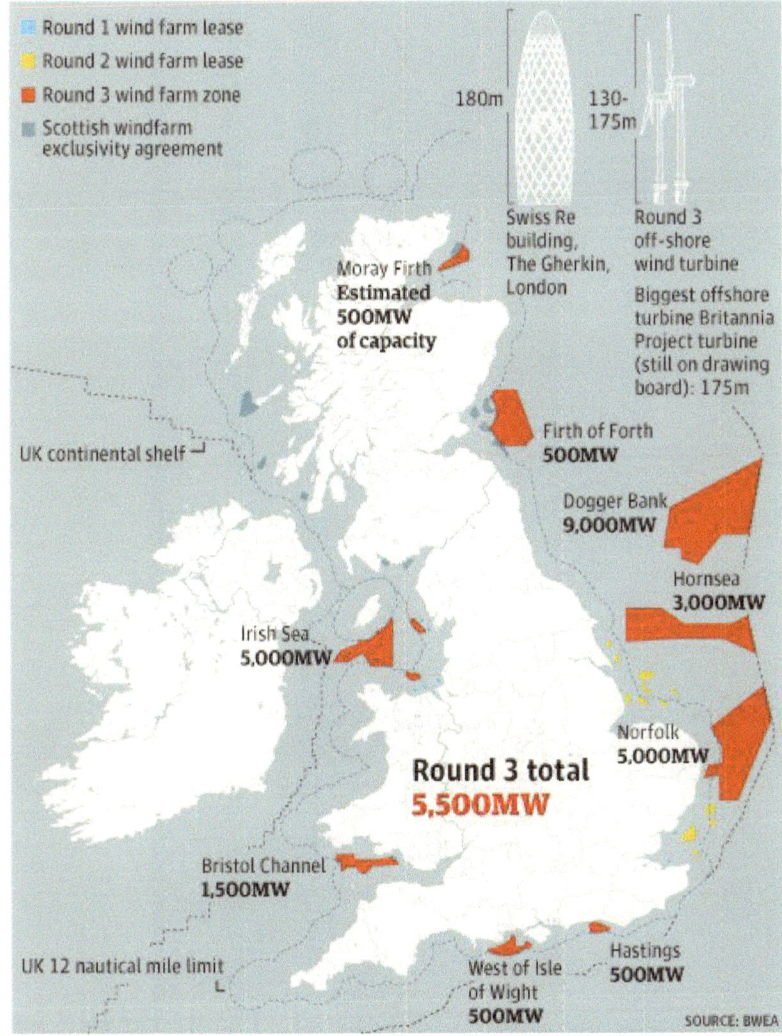

Abbildung 10: Round 3 UK Offshore Wind Parks

Eine weiteres beachtenswertes Thema wird die Entwicklung von Schwimmfundamenten für WEA werden. Sollten dieser Fundamenttyp je marktreif werden, stellen sich im Bereich der Netzanbindung noch größere Herausforderungen. Die WEAs bzw. Windparks wären dann noch weiter von den Küsten entfernt und eine sichere Übertragung muss auch hier gewährleistet werden.

Abbildung 11: Schwimmende Fundamente WEA[32]

---

[32] Internetquelle: 21

IV. Literaturliste

[RIc09]   Mario Richter, Lehrstuhl für Nachhaltigkeitsmanagement Leuphana Universität

                 Lüneburg, „Offshore-Windenergie in Deutschland" 2009

V. Liste der Internetquellen

1	http://www.erneuerbare-energien.de/erneuerbare_energien/gesetze/eeg/doc/47585.php
2	http://www.erneuerbare-energien.de/erneuerbare_energien/doc/47469.php
3	www.erneuerbare-energien.de/erneuerbare_energien/gesetze/eeg/fragen/doc/43981.php#11
4	http://www.erneuerbare-energien.de/erneuerbare_energien/doc/47469.php
5	http://www.offshore-wind.de/page/index.php?id=4761
6	http://de.wikipedia.org/wiki/Stromanbieter#Deutschland
7	http://www.tennettso.de/site/netzausbau/de/offshore-projekte
8	http://www.tennettso.de/site/netzausbau/de/hintergrund/ubersicht
9	http://en.wikipedia.org/wiki/Fukushima_Daiichi_nuclear_disaster
10	http://www.fr-online.de/energie/offshore-windparks-kein-netzanschluss-fuer-den-windstrom-von-der-nordsee,1473634,11155374.html
11	http://www.hk24.de/linkableblob/2023628/.4./data/Vortrag_von_Herrn_Falk_Stiftung_OFFSHORE_WINDENERGIE-data.pdf;jsessionid=3A028EEAA6B6EF80AF583F3B2388379E.repl21
12	http://de.wikipedia.org/wiki/Alpha_ventus
13	http://www.bmwi.de/BMWi/Redaktion/PDF/Gesetz/entwurf-eines-gesetzesz-zur-neuregelung-energiewirtschaftlicher-vorschriften
14	http://old.segeln-magazin.de/Offshore-Ost_Nordsee.jpg
15	http://www2.leuphana.de/umanagement/csm/content/nama/downloads/download_publikationen/75-7_download.pdf
16	http://www.offshore-windenergie.net/politik-2/international/europaeische-offshorepolitik
17	http://www.offshore-windenergie.net/aktuelles/news/politik/detail?nachricht=121
18	http://www.bmvbs.de/SharedDocs/DE/Artikel/SW/raumordnungsplan-fuer-die-ausschliessliche-wirtschaftszone-awz-in-der-nordsee-und-in-der-ostsee.html
19	http://de.wikipedia.org/wiki/Windpark
20	http://www.bundesnetzagentur.de/SharedDocs/Downloads/DE/BNetzA/Sachgebiete/Energie/Sonderthemen/AnbOffshoreWindparks/AnnexPositionspapierpdf.pdf?__blob=publicationFile
21	http://www.gicon.de/uploads/pics/ebd83e067f_01.jpg
22	http://de.wikipedia.org/wiki/Erneuerbare-Energien-Gesetz
23	http://www.spiegel.de/wirtschaft/netzagentur-kritisiert-verguenstigungen-fuer-stromintensive-unternehmen-a-833299.html
24	http://www.bundesregierung.de/Content/DE/Artikel/2011/06/2011-06-06-faq-energie.html